AF462151

LES
INSECTES PHOSPHORESCENTS

AVEC

Quatre Planches chromolithographiées

PAR

HENRI GADEAU DE KERVILLE,

Membre de la Société entomologique de France, Secrétaire de la Société des Amis des Sciences naturelles de Rouen.
Membre correspondant de la Société d'Etudes Scientifiques d'Angers, etc.

ROUEN
IMPRIMERIE LÉON DESHAYS
Rue des Carmes, 58.

—

1881

LES

INSECTES PHOSPHORESCENTS

LES

INSECTES PHOSPHORESCENTS

AVEC

Quatre Planches chromolithographiées

PAR

Henri GADEAU de KERVILLE,

Membre de la Société entomologique de France, Secrétaire de la Société des Amis des Sciences naturelles de Rouen.
Membre correspondant de la Société d'Etudes Scientifiques d'Angers, etc.

ROUEN
IMPRIMERIE LÉON DESHAYS
Rue des Carmes, 58.

1881

LES

INSECTES PHOSPHORESCENTS

Le phénomène de la phosphorescence n'est pas particulier aux insectes et on l'a souvent observé chez d'autres animaux, chez des végétaux et sur certaines matières minérales.

Il y a beaucoup de poissons phosphorescents, et dernièrement encore on trouvait dans le golfe de Gascogne, à une profondeur d'environ 600 mètres, des crabes dont les yeux brillaient d'un vif éclat et de grands gorgoniens du genre *Isis* répandant une lumière phosphorescente d'une telle intensité, qu'elle permettait, par une nuit sombre, de lire les caractères les plus fins. Ces animaux ne seraient-ils pas destinés à éclairer le fond des mers que l'on croyait jusqu'ici plongé dans les ténèbres ?

Un myriapode, le *Géophile* ou *Scolopendre électrique* émet une lueur assez vive ; des mollusques, les *Pholades*, laissent suinter de leur corps une matière lumineuse, et chacun sait que ce sont de petits animaux microscopiques qui donnent aux vagues de la mer cette apparence phosphorescente si belle et si curieuse. Ces animaux sont des annélides, de petits crustacés, des médusaires et des infusoires, tels que les *Noctiluques*.

La viande, le poisson en décomposition, le bois pourri sont parfois phosphorescents, ainsi qu'un certain nombre d'algues et de matières minérales. Parmi ces dernières, nous citerons le phosphore, qui, au contact de l'air, répand dans l'obscurité cette lueur particulière à laquelle il a donné son nom.

Nous nous occuperons uniquement des insectes qui ont la curieuse faculté d'émettre cette lueur, et, dans l'intérêt de ce qui va suivre, nous croyons utile de rappeler quelques principes généraux d'entomologie élémentaire.

Les *Insectes* ou *Hexapodes* constituent l'une des quatre grandes classes du sous-embranchement des Animaux articulés. Leurs formes, leur taille, leurs couleurs, la durée de leur existence, leurs mœurs, varient à l'infini. Les uns sont terrestres, les autres aquatiques; tantôt ils subissent plusieurs métamorphoses, tantôt ils naissent tels qu'ils doivent rester toute leur vie.

Leur corps, à l'état parfait, se compose de trois parties bien distinctes : 1° la *tête*, en avant de laquelle se trouvent les organes de la manducation et qui supporte les yeux et les antennes ; 2° le *thorax*, formé de trois segments le plus souvent soudés ensemble, auxquels on a donné les noms de *prothorax*, *mésothorax* et *métathorax*, et sur lesquels sont fixées les pattes; enfin, l'*abdomen*, composé d'un nombre variable d'anneaux et changeant beaucoup de forme et de grosseur.

On a classé les Insectes en douze ordres, dont deux seulement renferment des insectes phosphorescents, ce sont : les Coléoptères et les Hémiptères.

Les *Coléoptères* (de deux mots grecs, κολεὸς, étui, et πτερὸν, aile) forment l'ordre le plus connu et le plus riche en espèces de la classe des Insectes. On les trouve partout et en toute saison ; plus de cent mille sont décrits aujourd'hui, et chaque jour les explorateurs nous en rapportent de nouveaux des régions lointaines.

Les Coléoptères ont six pattes, comme tous les Insectes, excepté un petit nombre de parasites, qui, par l'avortement d'une paire, en ont quatre seulement. Leurs ailes sont au nombre de quatre ; les deux antérieures, appelées *élytres*, sont des étuis plus ou moins coriaces et souvent parés des plus brillantes couleurs. Elles ne sont pas employées pour le vol et ne se croisent jamais l'une sur l'autre. Les ailes postérieures sont membraneuses, servent au vol et se replient sous les élytres qui les protègent pendant le repos. Chez certains coléoptères les ailes n'existent pas; le vulgaire carabe doré que l'on trouve dans les jardins en est un exemple. Par contre, les élytres ne manquent jamais, bien qu'ils soient cependant à un état tout à fait rudimentaire chez les femelles des Lampyres. (La femelle du Lampyre noctiluque, fait exception, comme nous le verrons plus loin.)

Leurs métamorphoses sont complètes, c'est-à-dire qu'ils passent, avant d'atteindre leur entier développement, par les trois états de larve, de nymphe et d'insecte parfait.

Citons parmi les Coléoptères, les carabes, les staphylins, les cerfs-volants, les hannetons, les taupins, les vers luisants, les charançons, les chrysomèles, les coccinelles, etc., insectes que tout le monde connaît.

Les *Hémiptères* (de Ημί, demi, et πτερὸν, aile) sont caractérisés particulièrement par la forme de leur bouche, qui consiste en un suçoir plus ou moins long. Ce suçoir leur sert à perforer les tissus des animaux et des végétaux dont ils aspirent le sang et les sucs. Ils ont généralement quatre ailes. Tantôt elles sont toutes membraneuses et semblables entre elles, tantôt les supérieures sont un peu plus consistantes que les autres, enfin, dans certains cas elles disparaissent complètement et l'insecte est dit *aptère,* c'est-à-dire sans ailes.

Les Hémiptères ont des métamorphoses incomplètes et nulles chez plusieurs d'entre eux. Ils se divisent en deux groupes bien distincts : 1° les

Hétéroptères (ετερός, différent, πτερὸν, aile), dont le suçoir naît du front ou partie supérieure de la tête et chez lesquels les élytres sont généralement demi-coriaces et demi-membraneux; 2° les Homoptères (ομός, semblable, πτερὸν, aile), dont le suçoir naît du menton ou de la partie la plus inférieure de la tête et dont les élytres sont également consistants.

Dans le premier groupe, nous trouvons les punaises des bois et des lits, les notonectes, les hydromètres, les ranâtres, les corises, etc.; dans le second, les cigales, les fulgores, les pucerons, les cochenilles et un insecte malheureusement trop connu, le phylloxera.

D'autres caractères tirés de la conformation des antennes, de la bouche, des élytres, des pattes, etc., servent aussi à distinguer les Hémiptères des Coléoptères et des autres ordres d'insectes, mais leur examen nous forcerait à entrer dans des détails beaucoup trop complexes et en dehors de notre sujet. Ces quelques notions étant suffisantes pour comprendre ce qui va suivre.

COLÉOPTÈRES.

Les Coléoptères phosphorescents appartiennent exclusivement à deux familles : à celle des Elatérides, dans laquelle nous remarquons les Pyrophores ou Taupins lumineux et à celle des Malacodermes, tribu des Lampyrides.

Élatérides.

La famille des Elatérides renferme des insectes doués de la curieuse faculté de sauter en l'air lorsqu'ils sont sur le dos, et la traduction du mot *élatéride* n'est autre que *scarabée à ressort*, comme les désignaient les anciens entomologistes.

Les *Taupins* ou *Elaters* sont communs en France, et chacun a pu les remarquer grimpant aux tiges des plantes des champs pendant la belle saison. Leurs couleurs sont généralement sombres, variant du brun au noir, du jaune au rouge vif et quelquefois métalliques. Il sont oblongs avec le prothorax en forme de trapèze et prolongé en pointe aux angles postérieurs. Ces insectes se laissent glisser à terre lorsqu'on veut les saisir, contrefont le mort et tombent souvent sur le dos. Avec leurs pattes très courtes ils ne pourraient se retourner et cette position ne leur permettant pas de faire usage de leurs ailes, ils deviendraient infailliblement la proie des oiseaux, si la nature, toujours prévoyante, ne les avait pourvus d'un ingénieux appareil. Une fois sur le dos, leur corps se cambre et touche le sol par la tête et l'extrémité de l'abdomen; puis ils se débandent comme un ressort, la pointe du prothorax pénètre dans une cavité située au-dessous de l'anneau suivant, le milieu du corps heurte le sol avec force et par réaction l'animal saute. Il recommence ce manège jusqu'à ce qu'il soit retombé sur les pattes et peut s'élever à plus de douze fois la longueur de son corps. Ils frappent fortement lorsqu'on les empêche de s'élancer et produisent en sautant un bruit sec, strident, assez semblable à un coup de marteau, d'où leur nom de *toque-marteaux* et de *maréchaux* que leur donnent les habitants des campagnes.

Les Taupins lumineux ou Pyrophores peuvent sauter en l'air comme nos vulgaires taupins, mais ils se distinguent de leurs congénères européens par la faculté qu'ils ont d'émettre, pendant la nuit, une lueur phosphorescente.

Les PYROPHORES (de πῦρ, feu, et de φόρος, qui porte) sont des insectes nocturnes, de couleurs sombres, ordinairement d'un brun marron et souvent couverts d'une sorte de duvet court et jaunâtre. Ils ont un prothorax presque carré, bombé au milieu avec deux vésicules phosphorescentes situées dans les angles postérieurs. Leurs élytres diminuent insensiblement de largeur et sont souvent terminés par une petite pointe à leur extrémité. Leur taille varie beaucoup, suivant les espèces. Voici, du reste, les dimensions moyennes de plusieurs d'entre eux :

Pyrophorus noctilucus Linn., du Brésil, long. 37 mill., larg. 11 mill.

— strabus Germar., du Mexique, long. 32 mill., larg. 10 mill.

— candelarius Germar., du Brésil, long. 24 mill., larg. 8 mill.

Pyrophorus pyrotis Germar., de Buenos-Ayres, long. 15 mill., larg. 4 1/2 mill.

— laternarius Dej., de Cayenne, long. 12 mill., larg. 4 mill.

Ces insectes volent plus rapidement et plus longtemps que les autres Elatérides et apparaissent au crépuscule après les pluies, dès la fin du mois d'avril. Pendant le jour, ils se cachent dans les arbres creux, dans l'herbe et en général dans les endroits humides.

On en connaît aujourd'hui une centaine d'espèces; tous sont exotiques et habitent la Colombie, le Mexique, les Antilles et l'Amérique méridionale. Ils se nourrissent de canne à sucre dont ils broient les parties ligneuses avec leurs mandibules pour atteindre la matière sucrée. Leurs larves vivent dans le bois pourri.

Les réservoirs phosphoriques des Pyrophores sont au nombre de trois : les deux premiers sont placés près des angles inférieurs du prothorax et le troisième est situé à la base postérieure du métathorax dans une cavité triangulaire, aplatie et tapissée d'une membrane très fine. Cette cavité est d'un blanc jaunâtre et trois fois plus large que les taches du prothorax. La lueur qui s'en échappe ne s'aperçoit pas lorsque l'insecte est au repos, mais quand il vole, le thorax se sépare de l'abdomen et donne passage à une vive lumière.

Les vésicules du prothorax sont rondes ou ovalaires et proportionnelles à la taille de l'insecte.

Tantôt elles sont visibles sur les deux faces, tantôt en dessus seulement. Pendant la vie, elles ressemblent à des verres de lanterne et s'illuminent d'une lumière verdâtre assez intense. Après la mort, elles ont l'apparence d'ivoire un peu jauni.

Le plus commun et le plus grand de tous les Taupins lumineux est le *Pyrophorus noctilucus* Linn. (Pl. I, fig. 1) [1].

La longueur de cet insecte est d'environ 37 mill. et sa largeur de 11 mill. Il est brun marron et entièrement couvert d'un duvet court et jaunâtre. Les taches phosphorescentes du prothorax sont lisses, arrondies et d'une couleur jaune pâle. Ses élytres, assez bombés et terminés par une petite pointe, présentent quelques stries longitudinales de points enfoncés, plus accentués sur les côtés que sur le milieu ; ses antennes et ses pattes sont brunes. Il est répandu dans toute l'Amérique méridionale.

Un assez grand nombre de travaux ont été faits sur les mœurs et les habitudes des Pyrophores [2] ;

(1) Cet insecte, ainsi que les autres, est représenté en grandeur naturelle.

(2) Consulter à ce sujet :

Palis-Beauv. *Ins. d'Afr. et d'Amér.*, p. 77

Curtis. *Zool. Journ.*, t. III, p. 77.

Lacordaire. *Ann. des Sc. nat.*, t. XX, p. 57.

— *Introd. à l'Entom.*, t. II, 140.

— *Ann. de la Soc. entom. de France*, t. I p. 359.

Perty. *Del anim. art. Brasil*, p. 5,

et particulièrement

Gosse. *Ann. and. Mag. of nat. Hist.*, sér. 2, t. I p. 200 ;

on les cite dans les plus anciennes relations de voyages et il est probable que ce sont ces insectes dont veut parler Fontenelle, quand il dit à la Marquise dans ses *Entretiens sur la Pluralité des Mondes* (1) :

« Vous savez qu'il y a en Amérique des oiseaux qui sont si lumineux dans les ténèbres, qu'on s'en peut servir pour lire. Que savons-nous si Mars n'a point un grand nombre de ces oiseaux qui, dès que la nuit est venue, se dispersent de tous côtés et vont répandre un nouveau jour (2) ».

Les Taupins lumineux abondent dans l'Amérique méridionale; ils sont connus sous les noms de *cucuyos* et de *coyouyous* et les femmes créoles s'en servent comme de bijoux pour rehausser l'éclat de leur toilette. Au Mexique, elles les placent dans de petits sachets d'un tulle léger et les disposent avec art sur leurs jupes et leurs corsages, ou leur passent une épingle sous les élytres et les piquent dans leurs cheveux. Quelquefois, elles en font une ceinture autour de leur taille. Ainsi parées, les gracieuses mexicaines vont au bal avec leurs topazes vivantes qui flamboient ou pâlissent à la

(1) Plusieurs auteurs ont prétendu que Fontenelle confondait avec des oiseaux les Fulgores et non pas les Taupins lumineux. Cette assertion est impossible : la propriété lumineuse des Fulgores n'étant pas connue en Europe avant l'apparition du livre de Sybille de Merian : *Les Métamorphoses des Insectes de Surinam*, publié en 1705, tandis que la *Pluralité des Mondes*, de Fontenelle, avait paru en 1686.

(2) Fontenelle. *Entretiens sur la Pluralité des Mondes*, 4e soir.

volonté de l'insecte. La soirée finie, elles font prendre un bain aux cucuyos pour les rafraîchir et les mettent dans de petites cages de jonc. Ils sont doublement utiles : le soir, ils remplacent les pierres précieuses et parent les belles de ces contrées; la nuit, ils leur servent de veilleuses et répandent sur elles une douce clarté pendant leur sommeil.

Il y a sept ans, on apporta en France des Pyrophores vivants qui furent l'objet de recherches scientifiques d'une grande importance, mais ils étaient en petit nombre. Ne pourrait-on pas les importer en grande quantité, à l'état larvaire, dans des bois pourris; leur éclosion aurait lieu en serre chaude, et, avec une nourriture convenable, on pourrait les propager. Ils deviendraient alors la source d'un commerce très fructueux à Paris, où le luxe est porté à un si haut degré, et, comme le disait Maurice Girard, dans un article des plus intéressant sur les Pyrophores, paru dans *La Nature* :

« Je prédis un succès étourdissant à la première de nos élégantes du monde ou du demi-monde, qui, par une belle soirée d'été, ferait le tour du lac, en femme de feu, couverte d'étoiles animées [1]. »

Aux Antilles, les nègres utilisent les Taupins lumineux pour éclairer leurs cases et les déposent dans de petites cages en fer d'un fil très fin, suspendues au plafond. La lumière qu'ils répandent

(1) *La Nature*, 1re année, n° 22, p. 337.

est assez vive pour permettre de lire dans une obscurité profonde, pourvu que l'on promène l'insecte sur les lignes.

Pour attirer et prendre les cucuyos, ils placent des charbons incandescents au bout d'un bâton qu'ils balancent en l'air, ce qui prouve que la lueur qu'émettent ces insectes est pour eux un appel. Ils les nourrissent avec des fragments de canne à sucre.

Les Taupins lumineux furent tour à tour la joie et l'effroi des voyageurs qui ont parcouru l'Amérique méridionale.

Pendant la conquête espagnole, un bataillon nouvellement débarqué n'osa pas engager le combat avec les naturels, prenant les cucuyos qui brillaient dans les buissons pour des mèches d'arquebuses prêtes à faire feu.

Vers le milieu du siècle dernier, des fragments de bois des îles contenant des larves ou des nymphes de Pyrophores furent apportés à Paris et placés dans le grenier d'une maison du faubourg Saint-Antoine. Les insectes vinrent à éclore, illuminèrent, par intervalles, les fenêtres de cette demeure et jetèrent le trouble et l'effroi chez les habitants des maisons voisines.

Cette histoire, rapportée dans une lettre du médecin du quartier, le docteur Bondazoy, a été insérée dans les mémoires de l'ancienne Académie des Sciences en 1766.

D'autres Pyrophores ont été capturés vivants à

Rouen, dans des navires chargés de bois venant de Saint-Domingue, par notre savant et regretté collègue, M. Simon Mocquerys, qui a pu les conserver quelques jours chez lui et jouir de la brillante lumière qu'ils émettaient.

En Amérique, ils rendent de grands services aux Indiens, qui s'en servent comme de lanternes.

« Dans ces contrées, dit Michelet, on voyage beaucoup la nuit pour échapper à la chaleur. Mais on n'oserait s'engager dans les ténèbres peuplées des profondes forêts, si les insectes lumineux ne rassuraient le voyageur. Il les voit briller au loin, danser, voltiger. Il les voit de près posés sur les buissons à sa portée. Il les prend pour l'accompagner, les fixe sur sa chaussure pour lui montrer son chemin et pour faire fuir les serpents. Mais, quand l'aube se fait voir, reconnaissant et soigneux, il les pose sur un buisson, les rend à leur œuvre amoureuse. C'est un doux proverbe indien : « Emporte la mouche de feu, mais remets-la où tu l'as prise. [1] »

En 1864, M Laurent, capitaine de frégate, apporta du Mexique à Paris quelques exemplaires vivants du *Pyrophorus strabus* Germar. Une expérience faite dans le laboratoire de l'Ecole normale par MM. Pasteur et Gernez montra que le spectre chimique de leur lumière est semblable à celui des autres insectes phosphorescents. Il est continu,

(1) J. Michelet, l'*Insecte*, p. 163.

2

sans aucune raie noire et se distingue en outre du spectre de la lumière solaire par une intensité plus grande de la couleur jaune.

Quelques années plus tard, le marquis de Dos Hermanas rapporta de Cuba un certain nombre de Pyrophores vivants, dont trois furent soumis à l'examen de MM. Robin et Laboulbène. Nous parlerons plus loin du résultat de leurs expériences.

Enfin, dans l'Océanie, existent des insectes se rapprochant des Pyrophores, et qui ont servi au Dr Candèze à créer le genre *Photophorus* (de φῶς, lumière, et φόρος, qui porte). Ils habitent quelques îles de la Mélanésie, où ils remplacent les Taupins lumineux. On en connaît aujourd'hui trois espèces des Nouvelles-Hébrides, des îles Viti et de l'île Lifu. Ce sont les *Photophorus Bakewelli* et *Jansoni* Candèze et le *Photophorus lifuanus* Montrouzier.

Malacodermes.

Les Malacodermes (de μαλακος, mou, et δερμα, peau) sont caractérisés, comme leur nom l'indique, par le peu de consistance de leurs téguments et les différences sexuelles qui sont quelquefois très grandes. Chez certains Lampyrides, par exemple, les femelles ont conservé la forme des larves. Ils vivent habituellement sur les feuilles et les fleurs, mais beaucoup d'entre eux sont carnassiers. Parmi les différentes tribus qui composent cette famille, celle des Lampyrides doit particulièrement nous intéresser, puisqu'elle renferme des insectes phosphorescents.

Les *Lampyrides* ont une taille moyenne, des couleurs généralement sombres et jamais métalliques. Les mâles, excepté les *Phosphænus*, ont des élytres et des ailes complets, mais, dans beaucoup de genres, les femelles sont dépourvues d'ailes, ont une apparence larviforme et ne possèdent que des rudiments d'élytres qui, parfois, manquent aussi. Leurs élytres affectent deux formes principales : tantôt ils sont elliptiques ou ovales ; tantôt parallèles et finement rugueux, comme chez la plupart des Téléphorides. Leur abdomen, siège de la phosphorescence, est généralement formé de sept segments auxquels s'ajoute presque toujours chez les mâles, un huitième segment plus étroit que les autres et qui n'existe que rarement chez les femelles. Nous appellerons, comme l'ont fait beaucoup d'entomologistes, *segment anal*, le dernier segment de la face ventrale ; *segment préanal*, l'avant-dernier ; *segment pygidial*, le dernier de la face dorsale ; enfin, *segment génital*, le huitième segment des mâles.

Les Lampyrides sont des insectes crépusculaires ou nocturnes (les *Phosphænus* font seuls exception) qui se tiennent, pendant le jour, cachés dans l'herbe ou sous les feuilles. Le soir, ils sortent de leurs retraites et se dispersent dans les pelouses, sur le bord des routes, dans les bois, où la femelle promène lentement son flambeau d'hyménée. Cette lumière, si douce et si fugitive à la fois, a souvent inspiré les poètes, mais c'est dans les régions tropicales que le spectacle est le plus beau. Des myriades de Taupins lumineux et de Lampyres, dispersés sur les plantes, éclairent les gazons et les bois; les Lucioles, véritables étincelles de feu, voltigent en tous sens, tandis que les Fulgores, semblables à des flèches enflammées, sillonnent le ciel de traits de feu.

La plupart des Lampyrides vivent uniquement de substances végétales. Leurs larves sont extrêmement carnassières et se nourrissent d'escargots, de limaces et de tous les petits mollusques terrestres. On les trouve presque toute l'année sous les pierres des bois et des champs où elles passent l'hiver et achèvent leur développement au retour du printemps. L'illustre naturaliste suédois, De Géer, a fait connaître une particularité intéressante de la mue qui précède leur transformation en nymphe. Leur peau, au lieu de se fendre en dessus et sur la ligne médiane du thorax, comme cela s'opère habituellement, le fait de chaque côté de cette partie du corps et c'est par la large ouverture qui en résulte que la larve extrait sa tête et son abdomen. Ces insectes ne restent à l'état de nymphe qu'un temps fort court, une semaine environ. Les nymphes des mâles n'ont rien d'anormal, tandis que celles des femelles aptères conservent la forme de la larve. L'Amérique méridionale est très riche en Lampyrides et en possède à elle seule plus que tous les autres pays pris ensemble. Cette tribu n'est représentée, en France, que par les quatre genres suivants : Lampyris, Lamprorhiza, Phosphænus et Luciola.

On peut classer les Lampyrides en deux sous-tribus : les *Lampyrides vrais* et les *Luciolides*, comme l'a fait Lacordaire dans son *Genera des Coléoptères* [1], dont nous nous sommes beaucoup servi, pour la position de l'appareil phosphorescent chez les différents genres.

Les Lampyrides vrais ont la tête complètement recouverte par le prothorax et, en général, rétractile dans la cavité de ce dernier.

La tête des Luciolides, au contraire, n'est que très imparfaitement recouverte par le prothorax.

Tous les insectes qui composent la première sous-tribu ne sont pas lumineux, les *Ellychnia*, par exemple. Chez certains d'entre eux les deux sexes sont phosphorescents ; chez d'autres, les femelles seules jouissent de cette faculté. Enfin, la position des organes lumineux, bien que toujours situés à la face ventrale des derniers segments abdominaux, varie beaucoup suivant les espèces.

Les principaux genres de la sous-tribu des Lampyrides vrais sont les suivants :

(1) Th. Lacordaire. *Histoire naturelle des Insectes Coléoptères.* Roret. Paris, 1857 ; t. IV, p. 309 et suiv.

LAMPROCERA De Castelnau.

On en connaît aujourd'hui douze espèces. Ce sont de grands et beaux insectes, propres à l'Amérique du Sud et remarquables par la structure de leurs antennes. Leur appareil phosphorescent est peu développé et se réduit à une tache lumineuse située sur le milieu du cinquième segment abdominal des mâles. On ne connaît pas exactement sa position chez les femelles.

Chez le *Lamprocera Latreillei* Kirby, du Brésil, qui a servi de type à De Castelnau pour former ce genre, il consiste en une tache très apparente et nettement limitée sur le milieu du cinquième segment abdominal des mâles, et en deux moins apparentes et quelquefois invisibles sur les côtés du segment anal des femelles.

Les *Lamprocera* et tous les genres suivants jusqu'aux *Lamprophorus* exclusivement, renferment des insectes dont les deux sexes, pourvus d'élytres et d'ailes complets, sont phosphorescents.

HYAS De Castelnau.

Quatre espèces, de l'Amérique méridionale, sont connues et décrites aujourd'hui. La taille de ces insectes est un peu inférieure à celle des précédents. Ils ont des élytres d'un jaune testacé et parsemés de taches noires qui existent aussi sur le prothorax. Leur appareil phosphorescent est le même que celui des *Lamprocera*, dont ils ne diffèrent que par le nombre et la forme des articles des antennes et des tarses.

Nous n'entrerons pas dans l'énumération des caractères reposant sur les antennes, les organes buccaux, la forme du prothorax, les élytres, les tarses, etc., qui servent à distinguer entre eux les différents genres et donnerons seulement les caractères principaux des insectes phosphorescents, en nous étendant plus particulièrement sur la place qu'occupent les réservoirs phosphoriques. Les personnes désireuses d'avoir de plus amples détails sur la description des genres et des espèces pourraient consulter les ouvrages spéciaux sur ces coléoptères ou les monographies.

CLADODES Solier.

Environ sept espèces. Ils habitent, comme les précédents, l'Amérique méridionale et plus particulièrement le Brésil et le Chili. Leurs couleurs générales sont le noir, le fauve et le blanc testacé. Ils ont une taille au-dessus de la moyenne et leurs organes lumineux consistent en deux petites taches latérales situées sur le segment anal.

DRYPTELYTRA De Castelnau.

On en connaît deux espèces, de Bogota et de Cayenne. Ce genre diffère peu du précédent. Les réservoirs phosphoriques de ces insectes occupent les bords latéraux des segments préanal et anal.

Le *Dryptelytra cayennensis* De Castelnau est d'une taille moyenne et d'un beau jaune. Ses élytres sont rugueux, d'un brun noirâtre et bordés de jaune dans toute leur longueur.

Calyptocephalus Gray.

Æthra De Castelnau.

Ces deux genres ont entre eux une grande analogie et se distinguent de tous les autres par leurs formes générales qui les rapprochent des *Telephorus*, insectes non phosphorescents, appartenant aussi à la famille des Malacodermes et à la tribu des Téléphorides.

Les *Calyptocephalus* et les *Æthra*, dont on connaît environ dix-huit espèces, sont propres à l'Amérique du Nord, à Java, et principalement à l'Amérique méridionale. L'appareil lumineux est nul chez plusieurs espèces, telles que les *Calyptocephalus Gorgi* et *thoracicus* De Castelnau, de Cayenne, et *Calypt. fasciatus* Gray, de la Guyane. Il est, au contraire, très apparent chez le *Calyptocephalus stipulicornis* De Motschulsky, du Brésil, où il occupe les côtés du segment anal.

On voit donc que chez des espèces qui doivent être manifestement rangées dans un même genre par l'ensemble de tous leurs caractères, un appareil important, comme celui de la phosphorescence, existe d'une façon très apparente ou disparaît entièrement. C'est une preuve de plus de l'excessive variabilité des organes de certaines espèces d'insectes et de la difficulté de leur classement. Ajoutons que chez beaucoup d'entre eux on est loin d'être fixé sur la place exacte qu'occupent les réservoirs phosphoriques et que d'importants travaux restent encore à faire sur ce sujet.

LUCERNULA De Castelnau.

Trois espèces sont connues et décrites aujourd'hui; ce sont de grands insectes du Brésil, très voisins des *Lucidota*, dont ils diffèrent par la présence de taches vitrées nettement limitées et situées sur le prothorax. Ces taches existent aussi chez d'autres Lampyrides, mais elles ne sont pas, en général, aussi bien définies. M. Goureau suppose que, situées au-dessus des yeux, elles ont pour but de permettre à ces insectes de voir en dessus, mais cette opinion est loin d'être partagée par tous les entomologistes (1).

Chez les *Lucernula*, les organes lumineux occupent les trois derniers segments abdominaux.

LUCIDOTA De Castelnau.

Environ cinquante-cinq espèces. Ces insectes sont répandus dans les deux Amériques, au Japon et dans l'Afrique méridionale. Ils varient beaucoup de taille et sont généralement noirs avec une bande blanche sur chaque élytre et sur les bords latéraux du prothorax. Leurs organes lumineux subissent beaucoup de modifications, ce qui les a fait démembrer en huit genres différents par De Motschulsky. Chez certains d'entre eux, l'appareil phosphorescent existe sur les deux derniers segments abdominaux ; chez d'autres, il est situé sur le milieu du cinquième segment abdominal, sur le

(1) Goureau. *Ann. de la Soc. ent. de France*, sér. 2, t. III, p. 350.

dernier ou disparaît complètement. De Motschulsky avait créé le genre *Lychnuris* pour des insectes caractérisés par la présence de faibles taches phosphorescentes sur le prothorax, mais ce fait n'a jamais été bien constaté, et Lacordaire, dans son *Histoire naturelle des Coléoptères,* dit ne connaître aucun Lampyride qui soit dans ce cas.

ALECTON De Castelnau.

On en connaît deux espèces de Cuba et du Bengale. Ces insectes sont de taille moyenne et voisins, pour la forme, de certaines Cassides. L'un d'eux, l'*Alecton discoïdalis* De Castelnau, originaire de Cuba, est d'un beau jaune orangé avec une grande tache d'un noir profond sur les élytres. Son abdomen étant fauve et de la couleur générale des organes lumineux, il est difficile de dire si cette espèce est phosphorescente ou non.

PHAUSIS Leconte.

Une seule espèce de Géorgie a été décrite, c'est le *Phausis reticulata* Say. Les trois derniers segments de son abdomen sont phosphorescents.

PHOTINUS De Castelnau.

Environ cent trente espèces. Ces insectes, très nombreux, sont répandus dans beaucoup de pays ; ils habitent particulièrement les deux Amériques, les Antilles, l'Inde et la Chine. Ce genre, comme les *Lucidota*, a été démembré en plusieurs autres.

à cause des modifications que subit son appareil phosphorescent. Tantôt il occupe les un, deux ou trois derniers segments abdominaux, tantôt il se réduit à des taches sur les avant-derniers ou à une seule, sur le pénultième segment ; enfin, chez les *Ellychnia* de Dejean, telles que les a restreintes M. J.-L. Leconte, il disparaît entièrement.

CRATOMORPHUS De Motschulsky.

Plus de seize espèces sont connues et décrites aujourd'hui. Les *Cratomorphus* sont caractérisés par la grosseur extraordinaire de leurs yeux et la présence de deux taches vitrées, nettement définies et situées sur la partie antérieure du prothorax comme chez les *Lucernula.*

Leur taille varie beaucoup, tout en restant au-dessus de la moyenne et leur appareil phosphorescent occupe les deux pénultièmes segments abdominaux. Ils sont répandus dans l'Amérique du Nord et surtout dans l'Amérique méridionale.

Les fig. 2 de la pl. I nous montrent le *Cratomorphus diaphanus* Germar. *(Pygolampis Linnei* Dej.) vu en dessus et en dessous.

La longueur de cet insecte est de 25 mill. et sa largeur de 9 1/2 mill. Il est noir violacé et d'une forme allongée. Son prothorax est jaune et présente, à sa partie antérieure, deux taches ovales, vitrées, bien définies, et deux autres, noirâtres, souvent réunies en une seule à sa partie postérieure. Les élytres sont noirs, leur suture jaune et une bande longitudinale de la même couleur s'étend depuis l'angle huméral jusqu'aux deux tiers de l'élytre.

Son abdomen est formé de sept segments, dont les deux avant-derniers de dessous sont jaunes ; ses antennes sont noires et ses pattes, de même couleur, ont la base des cuisses jaunâtre. Il est très commun à Buenos-Ayres.

ASPIDOSOMA De Castelnau.

Trente-quatre espèces environ. Les *Aspidosoma* habitent les deux Amériques. Ils sont d'une taille moyenne, de couleur testacée ou brunâtre, et leurs élytres souvent ornés de lignes longitudinales plus pâles que le fond. Chez les espèces typiques du genre, les élytres sont très dilatés et fortement rétrécis en arrière, mais cette forme change et devient oblongue, ce qui leur donne le faciès de Cassides. L'appareil phosphorescent occupe en général, chez ces insectes, les deux avant-derniers segments abdominaux et semble parfois s'étendre beaucoup plus loin. Chez certaines espèces, il paraît remonter jusqu'au premier segment. Les bords latéraux du segment anal des mâles et ceux du dernier des femelles présentent souvent deux taches qui semblent appartenir à l'appareil en question.

Dans les genres qui vont suivre, les élytres et les ailes sont nuls ou rudimentaires chez les femelles, mais existent chez les mâles.

LAMPROPHORUS De Motschulsky.

Ce genre renferme environ cinq espèces propres aux Indes Orientales. Les organes lumineux paraissent occuper, tantôt tous les segments abdominaux, tantôt les deux ou trois derniers seulement; mais une grande incertitude règne à ce sujet.

Lampyris Geoffroy.

On connaît aujourd'hui plus de soixante espèces de ces insectes, désignés sous le nom de vers luisants et répandus dans le monde entier. Les mâles sont pourvus d'élytres et d'ailes complets; les femelles sont privées d'ailes et ne possèdent que des rudiments d'élytres.

Le mot *lampyre* vient du grec λαμπυρίς, qui signifie lampe; celui de *ver luisant* s'explique de lui-même; les femelles ayant l'aspect de larves et possédant la faculté de luire dans l'obscurité.

Nous avons sept espèces de Lampyres en France, ce sont les *Lampyris mauritanica* Linn., *Reichei* Jacq. Duv., *Zenkeri* Jacq. Duv., *bicarinata* Muls, *Raymondi* Muls, *noctiluca* Linn. et *Bellieri* Reiche.

Les fig. 3, 4 et 5 de la pl. I représentent le mâle du Lampyre noctiluque (*Lampyris noctiluca* Linn.), la femelle vue en dessus et en dessous et la larve. Voici, du reste, la description des deux sexes :

Mâle. — Long. 13 mill., larg. 4 mill. Corps d'un gris jaunâtre. Antennes grises. Prothorax d'un jaune pâle, ayant en son milieu une grande tache noirâtre et deux autres translucides à la partie antérieure. Elytres d'un gris noir, ponctués et sillonnés de côtes longitudinales assez saillantes. Abdomen recouvert entièrement par les élytres et formé de sept segments, dont les deux derniers sont quelquefois légèrement jaunâtres. Pattes d'un jaune grisâtre.

Femelle. — Long. 15-20 mill., larg. 5-6 mill. Entièrement

aptère. Corps d'un brun noir, s'élargissant légèrement en son milieu et se rétrécissant aux extrémités. Antennes noires. Prothorax de la couleur générale du corps et sans taches vitrées. Abdomen formé de huit segments bien distincts, bordés de jaune rougeâtre et dont les trois derniers de dessous sont jaunes. Pattes noires.

La *larve* se distingue surtout de la femelle par la petitesse de ses antennes et par l'absence de prothorax distinct et de crochets aux tarses. Elle est noire avec les angles inférieurs des segments jaunâtres. Son corps, formé de douze segments presque similaires ne s'élargit pas en son milieu comme celui de la femelle. L'appareil phosphorescent consiste en deux vésicules d'un blanc jaunâtre, situées sur l'avant-dernier segment abdominal; ses pattes sont noires. La longueur de cette larve varie de 11 à 20 mill. et sa largeur de 4 à 5 mill.

Le Lampyre noctiluque est répandu dans tout l'univers; il est commun en France, et chacun de nous l'a vu répandant sa douce lumière pendant les belles soirées d'été. Il se tient de préférence dans les clairières, dans l'herbe et sur les bords des routes. La femelle brille et sa présence est indiquée au mâle. L'accouplement a lieu ordinairement vers dix heures du soir, moment auquel on peut capturer un grand nombre de vers luisants des deux sexes.

Les mâles des différentes espèces de Lampyres ne sont pas en général phosphorescents; quelques-uns cependant, émettent une faible lueur, mais pendant un temps très court.

On ne sait pas encore exactement si cette lumière passagère provient d'un appareil particulier ou de la femelle qui la leur communiquerait pendant l'accouplement.

Par contre, les femelles sont très phosphorescentes. La lumière qu'elles émettent est produite par une matière graisseuse contenue dans les trois derniers segments abdominaux (1). Cette matière est granuleuse et renfermée dans de petites poches, dont les parois sont striés en losange. On peut s'en servir pour écrire et la lueur persiste assez longtemps.

Les larves des deux sexes sont également lumineuses, mais à un degré moindre que les femelles. On les trouve toute l'année dans l'herbe et sous les pierres. Elles sont très carnassières et se nourrissent principalement d'escargots et de petites limaces.

M. Maille qui a beaucoup étudié les mœurs et les habitudes de la larve du Lampyre noctiluque a remarqué qu'elle possédait un appareil bien curieux. Son dernier segment abdominal est pourvu d'un prolongement anal peu saillant, d'où elle peut faire sortir une houppe de sept à huit filets blancs, avec lesquels elle débarrasse ses pattes et les parties antérieures de son corps, des débris des mollusques dont elle se nourrit. M. Goureau a retrouvé cet appareil chez la larve de l'*Aspidosoma candelarium* Reiche, du Brésil, ce qui ferait suppo-

(1) J'ai trouvé des femelles dont les deux pénultièmes segments abdominaux seuls, d'une couleur jaunâtre, devaient être lumineux.

ser qu'il existe chez toutes les larves des Lampyrides.

Les autres espèces de Lampyres français se trouvent dans le Midi et principalement dans les Pyrénées. Le *Lampyris mauritanica* Linn. est répandu dans toute l'Europe méridionale.

Le genre *Lampyris* a été démembré par certains auteurs qui tenaient compte des modifications que subit l'appareil phosphorescent. Tantôt cet appareil semble n'exister que sur les côtés du segment anal (*Lampyris mauritanica*), tantôt sur les bords de tous les segments abdominaux (*Lampyris Zenkeri*). Enfin dans une même espèce (*Lampyris noctiluca*), il occupe, comme nous l'avons vu plus haut, les deux pénultièmes ou les trois derniers segments abdominaux. Cette modification, vraiment incroyable des organes lumineux, défie toute espèce de classification de ce genre dans lequel ils entreraient comme caractère.

LAMPRORHIZA Jacquelin Duval.

Sept espèces, toutes européennes et dont quatre sont françaises, sont décrites aujourd'hui. Ce sont les *Lamprorhiza splendidula* Linn.; *Mulsanti* Kiesenw.; *Boïeldieui* Jacq. Duv., et *Delarouzei* Jacq. Duv.

Ces insectes ont la plupart des caractères des Lampyres et sont, en général, d'une taille supérieure. Leur appareil lumineux consiste en deux taches sur les deux derniers segments abdominaux.

Le *Lamprorhiza splendidula* Linn. doit son nom à l'intensité de la lumière qu'émettent les femelles et les larves. Il ressemble beaucoup au Lampyre noctiluque et s'en distingue par une taille légèrement plus grande. Sa femelle, comme celle des autres insectes de ce genre, est pourvue de deux moignons d'élytres.

Le *Lamprorhiza Mulsanti* Kiesenw. est le plus commun de tous. Le mâle de cette espèce répand une faible lueur phosphorescente et la femelle est plus courte et beaucoup plus lumineuse que celle des Lampyres. On le trouve fréquemment dans les Pyrénées-Orientales. Les deux autres espèces françaises se rencontrent également dans les Pyrénées.

PHOSPHÆNUS De Castelnau.

On en connaît deux espèces : le *Phosphænus hemipterus* Geoff., type du genre, et le *Phosphænus brachypterus* De Motschulsky, que beaucoup d'entomologistes considèrent comme une variété locale de l'espèce précédente.

Chez ces insectes, les mâles sont privés d'ailes et n'ont que des rudiments d'élytres ; les femelles sont entièrement aptères. Les habitudes du *Phosphœnus hemipterus* diffèrent complètement de celles des autres Lampyrides. Ne pouvant voler, il se tient en repos la nuit et se met, pendant le jour, à la recherche de la femelle. On le trouve dans l'herbe ou sur les plantes basses et la lumière qu'il émet provient de deux points phosphorescents, situés sur l'avant-dernier segment abdominal. La femelle, très rare et beaucoup plus grande que le mâle, est également lumineuse. L'espèce typique du genre habite l'Europe et se rencontre fréquemment en France.

Nous arrivons maintenant à la seconde sous-tribu des Lampyrides, celle des Luciolides.

Ces insectes sont caractérisés, comme nous l'avons vu plus haut, par leur tête imparfaitement recouverte par le prothorax. Les deux sexes sont phosphorescents et possèdent des ailes et des élytres complets.

Voici les principaux genres de cette sous-tribu :

AMYTHETES Illiger.

Six espèces sont connues et décrites aujourd'hui. Ces insectes, peu répandus dans les collections, habitent le Mexique et l'Amérique du Sud. Ils sont d'une taille moyenne et de couleurs sombres; leurs trois derniers segments abdominaux sont phosphorescents.

MEGALOPHTHALMUS Gray.

On en connaît sept espèces propres à la Colombie et à l'Amérique méridionale. Ils ont beaucoup de rapport avec les précédents, mais sont, en général, plus petits. Ces insectes, remarquables par les nervures de leurs élytres, très prononcées et formant chez quelques-uns de véritables côtes, sont habituellement d'un noir brunâtre avec un prothorax jaune ou blanchâtre ; leur appareil phosphorescent occupe les derniers segments abdominaux.

Luciola De Castelnau.

Le mot *luciola* est un diminutif du latin *lux*, qui signifie lumière et rappelle bien les propriétés lumineuses de ces insectes. Il en existe plus de soixante-dix espèces, que les auteurs ont tour à tour réunies dans un même genre ou groupées en plusieurs.

Ces insectes sont facilement reconnaissables à la brièveté de leur prothorax. Leur taille est généralement au-dessous de la moyenne et leurs couleurs varient du brun au jaune ferrugineux. L'abdomen des mâles se compose de sept segments, dont les deux derniers sont soudés ensemble et confondus en un ; celui des femelles est formé de sept segments bien distincts. Ces dernières sont beaucoup plus rares que les mâles dans les collections.

Les Lucioles sont répandues dans le monde entier, mais se rencontrent plus particulièrement dans les parties chaudes de l'Ancien Monde. Nous en avons deux espèces en France, la *Luciola lusitanica* Charp., et la *Luciola italica* Linn., très commune en Italie et que l'on rencontre souvent à Cannes, à Nice et à Menton.

Les fig. 6 de la pl. I, représentent la Luciole du

Caucase, ♂ (*Luciola caucasica* De Motschulsky). Voici la description de cette espèce :

Long. 11 mill., larg. 4 mill. Thorax jaune rougeâtre. Antennes grêles, filiformes et brunes. Prothorax rouge. Elytres d'un brun noir, ponctués et striés longitudinalement. Abdomen noir; la face ventrale des deux ou trois derniers segments abdominaux d'un jaune d'ocre. Pattes jaunes; tarses gris. Cette espèce abonde dans les parties montagneuses du Caucase.

Chez les *Luciola*, les deux sexes répandent une lumière d'une égale intensité. Leur appareil phosphorescent occupe les deux ou trois derniers segments abdominaux, suivant les sexes.

PHOTURIS Leconte.

Environ soixante espèces sont connues et décrites aujourd'hui et les collections en renferment un grand nombre d'inédites. Les *Photuris* habitent l'Amérique du Nord et particulièrement l'Amérique méridionale. Ils sont d'une taille moyenne et de couleurs très variées; leurs organes phosphorescents occupent les deux pénultièmes ou les trois derniers segments abdominaux.

PHENGODES Illiger.

Ces insectes, dont neuf espèces sont connues, possèdent tous les caractères des Téléphorides, parmi lesquels certains entomologistes les ont placés, mais ils sont lumineux et appartiennent, par ce fait même, à la tribu des Lampyrides. Les *Phengodes* sont répandus dans les deux Amériques et leurs organes lumineux occupent les deux derniers segments abdominaux. Participant à la fois des Téléphorides, par l'ensemble de leurs caractères, et des Lampyrides, par leur appareil phosphorescent et quelques caractères secondaires, ils forment une heureuse transition entre ces deux tribus.

Après avoir passé en revue cette longue énumération de genres et les modifications que présente l'appareil phosphorescent, on voit que l'on est loin de connaître la place exacte qu'il occupe. Cela tient surtout à ce que la plupart de ces insectes ont été étudiés desséchés et qu'il est alors difficile de préciser l'endroit où se trouvent les organes lumineux. De plus, certains Lampyrides ont l'abdomen fauve et de la même couleur que l'appareil phosphorique, ce qui empêche de reconnaître s'il existe ou non. Il serait donc de la plus grande importance, pour l'histoire de ces insectes, qu'ils soient étudiés vivants. On pourrait alors se rendre un compte assez exact de la position de l'appareil phosphorescent et il est probable que les nombreuses modifications qu'il paraît présenter se réduiraient seulement à quelques types.

HÉMIPTÈRES.

Dans le grand ordre des Hémiptères, nous trouvons aussi des insectes phosphorescents ; ce sont les FULGORES (du latin *fulgor*, signifiant *lueur*). Ces insectes sont classés parmi les Hémiptères Homoptères et dans le groupe des Fulgorides. Ils ressemblent un peu aux grandes cigales exotiques, dont ils se distinguent surtout par le prolongement de leur tête, siège de la phosphorescence.

Plusieurs entomologistes prenant en considération la forme du prolongement céphalique, la couleur des élytres et des ailes, etc., ont partagé les Fulgores en quatre genres principaux : FULGORA (Linné) ; HOTINUS (Amyot et Serville) ; PYROPS (Spinola) ; PHRICTUS (Spinola), que nous allons successivement examiner.

Dans le premier genre, nous trouvons le *Fulgora laternaria* ou *Laternaria phosphorea* Linn. (pl. II, fig. 1). Cet insecte que l'on désigne aussi sous les noms de Fulgore Porte-lanterne ou grand Porte-lanterne des Indes occidentales est le plus grand et le plus célèbre de tous les Fulgores.

La longueur totale de son corps y compris le prolongement céphalique est de 60 à 75 mill. et son envergure d'environ 145 mill. Il est d'un brun verdâtre. Sa tête est prolongée en un renflement vésiculeux très considérable, horizontal, épais et d'une largeur à peu près égale à celle de la tête. Ce prolongement céphalique dont la longueur varie de 22 à 30 mill.

est orné de taches brunes et de lignes noires et rouges. Il présente en dessus deux gibbosités, dont l'une, la postérieure, est beaucoup plus accentuée que l'autre. Les antennes sont fort courtes comme celles des autres Fulgorides phosphorescents ; leur premier article est assez gros, sphérique et granuleux ; le second, très petit, inséré à l'extrémité supérieure du premier et terminé par une soie longue et fine. Les élytres, d'un jaune verdâtre et légèrement opaques, sont tachetés de noir et parsemés d'une infinité de petits points blancs farineux. Les ailes sont de la même couleur que les élytres, et comme eux réticulées de brun. Elles présentent vers leur extrémité, une grande tache ocellée d'un jaune vif entourée d'un cercle brun très élargi dans sa partie antérieure. Au centre de cette tache s'en trouvent deux autres qui sont brunes, rondes, quelquefois reliées entre elles et dont l'une est beaucoup plus petite que l'autre. L'abdomen est brun verdâtre et couvert de quelques points blancs farineux. Les pattes, de la couleur générale du corps, sont annelées de brun et les postérieures munies de cinq à six fortes épines.

Cette espèce habite la Guyane et le Brésil.

La curieuse propriété lumineuse du Fulgore Porte-lanterne fut découverte par une femme qui a laissé dans la science un nom illustre, Sibylle de Mérian. Elle naquit le 12 avril 1647, à Francfort, de parents déjà célèbres comme graveurs. Dès sa plus tendre enfance, elle révèle un vif amour pour l'étude de la nature et c'est cette passion puissante qui la fera bientôt quitter sa famille et son pays pour aller chercher dans les forêts vierges de l'Amérique des objets dignes d'exercer son habile pinceau. Sa jeunesse se passe à peindre des fleurs et à lire, avec une ardeur sans bornes, les rares traités d'entomologie qui existaient à cette époque : *La Théologie des Insectes*, de Lesser, et le livre de Malpighi sur le *Ver à soie*. Bientôt, elle quitte l'Allemagne et se dirige vers la Hollande ; elle visite les serres de ce pays et souvent son pinceau reproduit les végétaux que l'on y conserve ; mais un ardent désir d'étudier la nature libre l'entraîne vers les régions lointaines. A l'âge de cinquante-deux ans, elle s'embarque pour l'Amérique méridionale et s'établit dans la Guyane hollandaise. Là, munie de son crayon et avec quelques guides, elle s'enfonce dans les forêts, parcourt les montagnes et les plaines et dessine tous les objets intéressants qui se présentent à ses yeux. Plusieurs années passées sous ces latitudes brûlantes lui fournissent une ample moisson de faits curieux et, de retour en Europe, elle fait paraître son plus célèbre ouvrage, *Les Métamorphoses des Insectes de Surinam*, écrit et publié en trois langues.

Dans ce livre certainement immortel, Sibylle de Mérian représente toujours l'insecte qu'elle veut décrire sous ses trois états, de larve, de nymphe et d'insecte parfait, ainsi que la plante sur laquelle il vit et les animaux dont il est la proie. Ces dessins sont autant de tableaux vivants de la naissance, de la vie, des luttes et de la mort dans le monde des insectes.

Amsterdam vit mourir cette femme célèbre le 13 janvier 1717.

C'est dans *Les Métamorphoses des Insectes de Surinam*, que Sibylle de Mérian nous apprend dans quelle circonstance elle découvrit la propriété phosphorique du Fulgore Porte-lanterne. La lumière qu'émet cet insecte est assez intense, dit-elle, pour permettre de lire dans les ténèbres, les caractères les plus fins.

Laissons-la parler :

« Quelques Indiens m'ayant apporté un jour un grand nombre de ces *Porte-lanterne*, je les renfermai dans une grande boîte, ignorant alors qu'ils jetaient cette lueur la nuit ; entendant du bruit, je sautai du lit et je fis apporter une chandelle. Je trouvai bientôt que ce bruit venait de cette boîte que j'ouvris avec précipitation ; mais effrayée d'en voir sortir une flamme ou pour mieux dire autant de flammes qu'il y avait d'insectes, je la laissai d'abord tomber. Revenue de mon étonnement ou plutôt de ma frayeur, je rattrapai tous mes insectes dont j'admirai la vertu singulière. »

Des voyageurs qui visitèrent cette contrée après Mlle de Mérian affirment avoir conservé pendant un certain temps des Fulgores, sans observer la moindre trace lumineuse, ce qui ferait supposer que ce phénomène n'a lieu que chez le mâle ou la femelle ou dans les deux sexes, mais seulement à certaines époques.

Par contre, dans son *Histoire naturelle de la Hollande équinoxiale*, Philippe Fermin donne la description du Fulgore Porte-lanterne et prétend que le prolongement de sa tête est très phosphorescent (1).

La Société anglaise qui publia les cinq volumes de l'*Entomological Magazine*, a consacré plusieurs séances à l'examen de cette question et a déclaré, à la presque majorité des voix, que le prolongement céphalique de ce Fulgore devait être lumineux. Enfin Spinola qui s'occupa aussi de la question, s'est également prononcé pour l'affirmative (2).

Devant de pareils témoignages, le doute n'est plus permis ; mais il reste à connaître les conditions nécessaires pour que ce phénomène se produise ; les naturalistes qui habitent les régions où vivent les Fulgores peuvent seuls nous renseigner à cet égard.

A côté des Fulgores se placent les HOTINES (du chinois 火 ho, signifiant feu, et 頂 ting, crochet de la tête), caractérisés par leur prolongement céphalique conique à la base, arqué en dessus et presque égal à la longueur du corps.

Ces insectes, dont nous connaissons aujourd'hui vingt-huit espèces, habitent tous l'Asie et particulièrement la Chine et l'Inde. Ils sont rares dans les collections et en général peu connus, c'est pourquoi nous croyons utile d'intercaler ici la liste des

(1) Philippe Fermin. *Histoire naturelle de la Hollande équinoxiale ou Descript. des animaux, plantes, fruits, etc., qui se trouvent dans la colonie de Surinam*. Amsterdam, 1765, p. 136.

(2) *Ann. Soc. ent. de France*, t. VIII, p. 133.

espèces du genre *Hotinus* d'Amyot et Serville, ou *Fulgora* de Stal et Butler.

Série I. — *Espèces à ailes oranges* (1).

Fulgora candelaria* Linn. Chine méridionale, Inde.
— cyanirostris Guér. Java.
— brevirostris Butler (sp. nov.). Penang.
— viridirostris* Westw. Assam, Indo-Chine.
— nigrirostris Walk. Pachebon.
— Spinolæ* Westw. Sylhet Cochinchine.
— Lathburi* Kirby. Hong-Kong, Macao.

Série II. — *Espèces à ailes blanches.*

Fulgora clavata Westw. Sylhet Assam.
— ponderosa Stal. Hindoustan.

Série III. — *Espèces à ailes rouges et blanches.*

Fulgora oculata* Westw. Malacca, Java.
— subocellata Guér. Malacca.
— sultana Adams. Bornéo, Corée.
— gigantea Butler (sp. nov.). Sarawak.

Série IV. — *Espèces à ailes d'un bleu verdâtre.*

Fulgora pyrorhyncha* Donov. Inde, Népaul.
— ducalis Stal. Cambodge
— cœlestina* Stal. Cambodge, Cochinchine.

(1) A. G. Butler. *Liste des espèces du genre Fulgora actuellement connues et description de trois espèces nouvelles appartenant à la collection du British Museum* in *Proceed. of the Zool. Society of London*, 1874, p. 97-102.

Les espèces marquées de ce signe * existent dans les collections du Museum de Paris où j'ai pu les étudier, grâce à l'extrême obligeance de M. H. Lucas.

Fulgora maculata* Oliv. Ceylan.
— intricata Walk. Sarawak, Bornéo.
— stellata Butler (sp. nov.). Sarawak.
— Delesserti Guér. Malabar.
— guttulata Westw. Inde.
— gemmata* Westw. Darjeling, Cochinchine.

SÉRIE V. — *Espèces à ailes d'un rouge vermillon.*

Fulgora coccinea Walk. Ceylan.
— decorata* Westw. Java.
— guttifera Stal. Ceylan.
— pyrochlora Walk. Sarawak.

SÉRIE VI. — *Espèces à ailes d'un vert pâle.*

Fulgora virescens Westw. Inde septentrionale.
— cultellata Walk. Bornéo.

Le plus connu de tous est le Hotine ou Fulgore Porte-chandelle *(Hotinus candelarius* Linn.), que l'on appelle aussi la Cigale chinoise Porte-lanterne, représenté pl. III, fig. 1.

La longueur totale de cet insecte, moins le prolongement de sa tête, est de 23 mill., et l'envergure d'environ 75 mill. Son prolongement céphalique, long de 20 mill., est rougeâtre, conique à la base, aplati dans le reste de son étendue, arrondi à l'extrémité et recourbé en dessus. Son corps est d'un jaune testacé, avec une série de taches noires sur les côtés de l'abdomen. Ses élytres sont noirs avec les nervures vertes. Ils présentent trois bandes transversales jaunes, dont les deux postérieures se touchent ordinairement en leur milieu, et quelques taches ocellées, de la même couleur, situées à leur partie terminale. Les ailes sont jaune orange et leur extrémité noire. Les pattes, de la couleur de l'abdomen, ont (excepté les postérieures) le bout des cuisses et les tarses noirs.

Cette belle espèce, très commune dans la Chine méridionale, se rencontre aussi dans l'Inde.

Chez les Pyrops (de πῦρ, feu, et de ὤψ, face), le prolongement céphalique est droit et légèrement ascendant. Il est moins long que dans les espèces précédentes et a la forme d'un tube aplati et tronqué à son extrémité.

Les insectes de ce genre ont des couleurs généralement sombres ; ils sont communs en Australie, sur la côte occidentale de l'Afrique et à Madagascar.

La fig. 2 de la pl. III représente le *Pyrops tenebrosa* Fab. (*Pyrops flammea* Lin.), connu sous les noms de Pyrops ténébreux ou Porte-lanterne brun de Guinée.

La longueur totale de son corps est de 40 mill., dont 15 mill. pour le prolongement de sa tête ; son envergure est d'environ 80 mill. Le prolongement céphalique de cet insecte et son prothorax sont d'un jaune rougeâtre et finement pointillés de noir. L'abdomen est brun noirâtre. Les élytres, de la même couleur que le prothorax, sont parsemés de petits points noirs, surtout près de leur bord antérieur et vers leur extrémité. Les ailes sont entièrement d'un brun violacé, et les pattes, d'une teinte rougeâtre, sont maculées de noir.

On trouve cet insecte sur la côte de Guinée, au Gabon et dans l'île de Madagascar.

Parmi les autres espèces de ce genre citons le *Pyrops obscurata* Fab., qui habite Java ; le *Pyrops albipennis* Spin., du Sénégal, et le *Pyrops dilatata* Westw., commun en Australie.

Les derniers Fulgorides lumineux sont les PHRICTUS, remarquables par les formes bizarres qu'affecte le prolongement de leur tête. On en connaît plusieurs espèces répandues dans l'Amérique méridionale.

Le plus curieux d'entre eux est le *Phrictus serratus* Fab. (pl. IV, fig. 1).

Il a une longueur totale de 50 mill., dont 23 mill. pour le prolongement céphalique, et une envergure de 85 mill. Son corps est brunâtre et sa tête est prolongée en une corne assez longue, parfaitement droite et d'un brun jaunâtre. Ce prolongement est garni d'une rangée de pointes de chaque côté et de quelques autres situées en dessus et en dessous. La couleur de ses élytres est le brun verdâtre varié de brun plus foncé. Ses ailes sont d'un gris violacé, avec une échancrure située sur leur bord postérieur et une grande tache jaune, presque circulaire à leur extrémité. Les pattes sont d'un brun jaunâtre.

Ce *Phrictus* habite le Brésil.

Le *Phrictus diadema* Linn. (pl. IV, fig. 2), est aussi remarquable par la forme singulière de sa tête.

La longueur totale de cette espèce, y compris le prolongement, est de 36 mill., et son envergure de 80 mill. Son corps est d'un brun noir. Le prolongement céphalique, long d'environ 11 mill., est brun rougeâtre, couvert de tubercules, dirigé horizontalement et relevé à son extrémité. Il se termine par trois pointes assez grandes et présente à sa base deux fortes épines d'une couleur noire placées au-dessus des yeux. Son prothorax, jaunâtre au milieu et rougeâtre sur les côtés, est parsemé de taches noires. Les élytres sont bruns, variés de jaune et de verdâtre, avec une bande transversale d'un jaune plus pâle. Les ailes, pourpres à leur base et d'un brun noir à leur extrémité. Les pattes brunâtres.

Le *Phrictus diadema*, connu sous le nom de Cigale couronnée, habite la Guyane et le Brésil.

Près des *Phrictus*, sont placés plusieurs genres de Fulgorides d'une taille plus petite, entre autres, les *Enchophora* Spinola, dont le prolongement céphalique, grêle, filiforme et renversé en arrière ne doit pas être phosphorescent.

Les voyageurs et les naturalistes qui ont étudié les Fulgores vivants nous ont appris que les Fulgores Porte-lanterne et Porte-chandelle étaient lumineux, mais sont restés muets à l'égard des autres Fulgores, des Pyrops et des Phrictus. Par analogie, ces derniers doivent être phosphorescents, leur prolongement céphalique ne différant de celui des espèces reconnues lumineuses que par la forme et la couleur, comme je l'ai plusieurs fois remarqué en disséquant ces insectes.

Espérons que d'ici peu de temps nous aurons à ce sujet des renseignements exacts qui permettront de compléter l'histoire de ces intéressants Hémiptères.

Nous allons maintenant étudier la formation de la matière phosphorescente, chez les insectes, sa composition et les conditions nécessaires à sa production.

Pour expliquer ce phénomène, on invoqua tour à tour l'électricité, le fluide nerveux, les forces vitales et la formation d'une matière phosphorescente secrétée par ces animaux.

Humprey Davy et Treviranus l'attribuèrent à une substance renfermant du phosphore, qui s'isole des humeurs de l'animal et brûle, comme ce corps, à l'aide de l'oxygène atmosphérique. Ce serait donc une véritable combustion et les traces d'acide phosphorique qu'ils crurent trouver à l'intérieur de ces insectes, semblait donner raison à cette hypothèse.

Quelques années plus tard, M. Morren fit des recherches sur l'appareil phosphorescent des insectes. Il remarqua que les réservoirs lumineux renfermaient seulement des vésicules graisseuses entremêlées de ramifications trachéennes et que l'enveloppe même de ces réservoirs était formée par des trachées. La matière qu'ils contiennent ressemble un peu à de l'albumine coagulée. Elle est formée d'un grand nombre de corpuscules sphériques violettes ou d'un jaune rosé (*Lampyris noctiluca, Lamprorhiza splendidula*), variant beaucoup de volume et pourvus d'une enveloppe membraneuse. Les vésicules entre lesquelles se ramifient les rameaux trachéens, contiendraient quelques atomes de phosphore, qui leur donnerait leur propriété lumineuse.

M. Morren a fait aussi connaître une remarquable disposition des téguments pour augmenter l'intensité de la lumière. Ces téguments sont amincis à l'endroit où se trouvent les poches lumineuses et forment une sorte de calotte qui peut se séparer du reste de la peau. La face intérieure de cette calotte est concave et lisse ; sa face extérieure, au contraire, est un réseau à facettes hexagonales convexes, couvertes d'aspérités et portant un poil à leur centre. Ces facettes auraient pour but d'augmenter la diffusion de la lumière, ce qui est d'accord avec l'observation. En effet, si l'on enlève la partie des téguments qui porte ces facettes, la lumière diminue beaucoup d'éclat. Quant aux poils des facettes, ils serviraient à les préserver du contact de la poussière et des objets extérieurs.

Un célèbre anatomiste allemand, Carus, découvrit que les œufs des insectes phosphorescents étaient eux-mêmes lumineux. Il remarqua, en outre, que l'intensité de la lumière augmentait à chaque contraction du vaisseau dorsal, ce qui donnerait à penser que l'afflux du sang a une certaine influence sur le phénomène.

Enfin, pour M. Becquerel, la phosphorescence proviendrait, non pas d'une sécrétion particulière, mais d'une succession de petites décharges électriques.

Depuis longtemps déjà on avait observé que la lumière qu'émettent les Pyrophores et les Lampyres (1) est soumise à la volonté de l'animal qui peut augmenter ou diminuer son éclat ou même

(1) On n'a pas encore fait, que je sache, d'observations sérieuses sur les Fulgores.

le suspendre complètement. On crut aussi remarquer que cette lumière augmentait d'intensité pendant le vol et dans tous les mouvements musculaires violents, ce qui forçait d'admettre l'influence des nerfs sur les organes lumineux.

M. Morren fit alors de nouvelles expériences. Il observa qu'il ne se rendait pas de nerfs aux réservoirs phosphoriques et que la lueur phosphorescente s'éteignait aussitôt que le stigmate [1] voisin du réservoir était fermé, tandis qu'elle reparaissait dès qu'il venait à s'ouvrir. En outre, si on enlève le réservoir avec la trachée dont il dépend, ce réservoir continue à briller ; mais si, par contre, on enlève seulement la trachée, ou si on la comprime de manière à intercepter l'air, la lumière disparaît.

Ces remarques conduisent aux deux conclusions suivantes :

1° L'air est indispensable à la production de la lumière phosphorescente ;

2° Cette lumière augmente dans les mouvements violents à cause de l'énergie de la respiration, et diminue pendant le repos. L'insecte peut donc faire varier l'intensité de la lumière en ouvrant plus ou moins ou en fermant les stigmates.

Un fait constaté par tous les savants qui se sont

(1) On donne le nom de *stigmates* à des orifices en forme de boutonnière situés sur les côtés du corps des insectes, et par lesquels l'air arrive dans les tubes respiratoires appelés *trachées*

occupés de la question, c'est que l'oxygène augmente l'éclat de la lumière et que le vide et les gaz non respirables, tels que le chlore, l'hydrogène, l'acide carbonique, etc., l'empêchent de se produire. Elle reparaîtrait, à ce qu'il paraît, par une immersion dans l'eau chaude, dans l'huile ou dans l'alcool ; enfin l'électricité produite par une pile la ranimerait pour quelques instants.

On a cherché aussi les limites de la température entre lesquelles le phénomène phosphorescent pouvait se produire. Ces limites sont, d'après certains auteurs, — 10° et + 40° (Réaumur).

Les organes phosphorescents du *Pyrophorus noctilucus* Linn. et la lumière qu'ils émettent ont été étudiés, il y a quelques années, par MM. Robin et Laboulbène sur trois individus mâles, rapportés vivants des Antilles, par M. le marquis de Dos Hermanas [1].

D'après ces deux savants, la partie centrale de l'appareil photogène, placée au-dessous du tégument diaphane, est formée d'un tissu humide et demi-transparent. Ce tissu est composé de cellules assez semblables à celles des Lampyres et entourées d'une couche de tissu adipeux, d'un blanc mat, épais de $^1/_{10}$ de millimètre environ. Ces cellules sont irrégulièrement polyédriques, à angles

(1) Ch. Robin et A. Laboulbène. *Sur les organes phosphorescents thoraciques et abdominal du Cocuyo, de Cuba* (Pyrophorus noctilucus, Linn.) in *Compt. rend. de l'Acad. des Sciences*, t. LXXVII, 25 août 1873.

arrondis, assez molles, et d'une épaisseur variant de $0^{mm},04$ à $0^{mm},06$. Elles sont constituées principalement d'urate d'ammoniaque ou de soude, ce que l'on constate facilement en les plongeant dans de l'acide acétique ou chlorhydrique étendu d'eau. Au bout de quelques minutes, en effet, on voit apparaître, en assez grand nombre, des cristaux isolés ou groupés d'acide urique. Entre les cellules contiguës les unes aux autres, se rendent des trachées présentant un grand nombre de ramifications quand elles pénètrent dans le tissu propre, et des nerfs, nombreux et assez volumineux.

La lueur phosphorescente est verdâtre et s'accumule peu à peu dans les cellules productrices qui la dégagent à certains moments. L'expérience prouve qu'après une série de ces dégagements, la lumière semble s'éteindre et que les Pyrophores ont besoin qu'une réparation nutritive en permette de nouveau la production. Des faits analogues ont lieu dans le dégagement d'électricité de certains poissons.

La matière lumineuse est peu stable et se comporte comme la *noctilucine*, substance azotée, coagulable et phosphorescente, extraite par Phipson du mucus lumineux des poissons et de certaines scolopendres. Elle se manifeste par une production de lumière sans dégagement sensible de chaleur.

Dernièrement, M. Jousset de Bellesme recommença les expériences faites par Matteuci [1] sur les Lampyres, mais en tenant compte de la volonté de l'animal, ce que ce savant avait négligé de faire. En effet, il est important de savoir si un Lampyre placé dans un flacon plein de chlore, ne brille pas du fait même de sa volonté, ou parce que le milieu dans lequel il se trouve empêche la production de la matière lumineuse. Dans ce but, M. Jousset de Bellesme enlève les ganglions céphaliques du Lampyre, pour empêcher toute phosphorescence spontanée et remplace l'excitation volontaire par un courant électrique modéré passant dans l'organe lumineux, ce qui le force à luire au gré de l'expérimentateur.

Il remarqua d'abord, comme on l'avait déjà reconnu, que l'oxygène était indispensable à la production de la lumière phosphorescente qui ne se manifestait pas dans les gaz non respirables. Enfin, à l'aide d'expériences simples, il put conclure, d'une manière évidente, que ce phénomène d'ordre chimique ne se reproduisait chez les Lampyres, et

(1) Les principaux travaux sur l'appareil phosphorescent des Lampyrides sont les suivants :

Matteuci. *Leçons sur les phénom. phys. des corps vivants*, p. 151.

— *Compt. rend. de l'Acad. des Sciences*, t. XVII, 1843, p. 309.

Peters *in Müllers Arch.*, 1841, p. 229.

Westwood. *An. introd. to the mod. class. of Insects*, t. I, p. 249, et surtout

G. Newport. *On the natural History of the Glow-worm* (Lampyris noctiluca Linn.), in *Proceed. of the Linn. Society*, t. I, 1856, p. 40.

par analogie chez les autres insectes phosphorescents, que dans des conditions biologiques.

Voici ces expériences : Dilacérons avec une aiguille l'abdomen d'un Lampyre, les fragments resteront lumineux plusieurs heures au moins ; cela tient à ce que des cellules sont restées intactes et continuent à sécréter la matière lumineuse. Broyons au contraire un de ces insectes dans un mortier, les cellules sont détruites et la lumière phosphorescente disparaît complètement.

Il en est de même si on le plonge dans un gaz qui peut détruire les cellules, tel que l'hydrogène sulfuré. L'insecte est tué instantanément ; les cellules sont intactes, mais détruites physiologiquement, elles cessent de luire et ni l'oxygène ni l'électricité ne peuvent plus les faire briller.

La substance phosphorescente, d'après M. Jousset de Bellesme, doit être un produit gazeux et il donne à l'appui de cette hypothèse plusieurs raisons très valables.

La première, c'est que la glande productrice de la matière lumineuse et qui a été bien étudiée par Owsjanikof ne donne pas l'idée d'un organe à sécrétion liquide ; la seconde, c'est l'extrême similitude qui existe entre la lumière qu'émettent les animaux phosphorescents et celle qui provient des matières en voie de décomposition, due, comme on le sait, à un dégagement d'hydrogène phosphoré.

« Mes recherches sur le Lampyre et les expériences que j'ai faites sur les Noctiluques, ajoute M. de Bellesme, me portent à considérer la phosphorescence comme une propriété générale du protoplasma, consistant en un dégagement d'hydrogène phosphoré. Cette manière de l'envisager fait comprendre aisément comment beaucoup d'animaux inférieurs, dépourvus de système nerveux, sont phosphorescents. De plus, elle nous offre l'avantage de relier les phénomènes de phosphorescence qui s'observent sur les êtres vivants à ceux qu'on remarque dans les matières organiques en voie de désagrégation. C'est un exemple de plus d'un phénomène d'ordre biologique réduit très nettement à une cause exclusivement chimique [1]. »

(1) Jousset de Bellesme. *Recherches expérimentales sur la Phosphorescence du Lampyre*, in *Compt. rend. de l'Acad. des Sciences*, 16 février 1880.

Rouen. — Imp. Léon Deshays, rue des Carmes, 58.

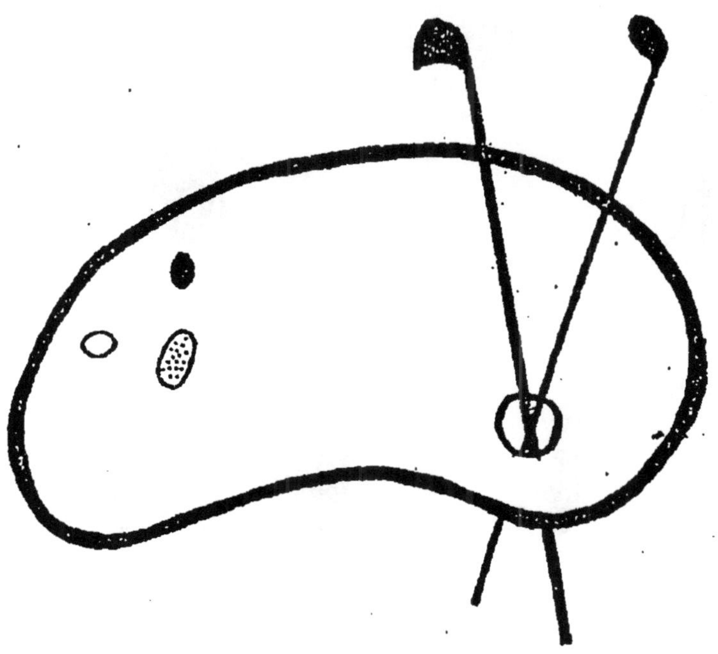

DEBUT D'UNE SERIE DE DOCUMENTS
EN COULEUR

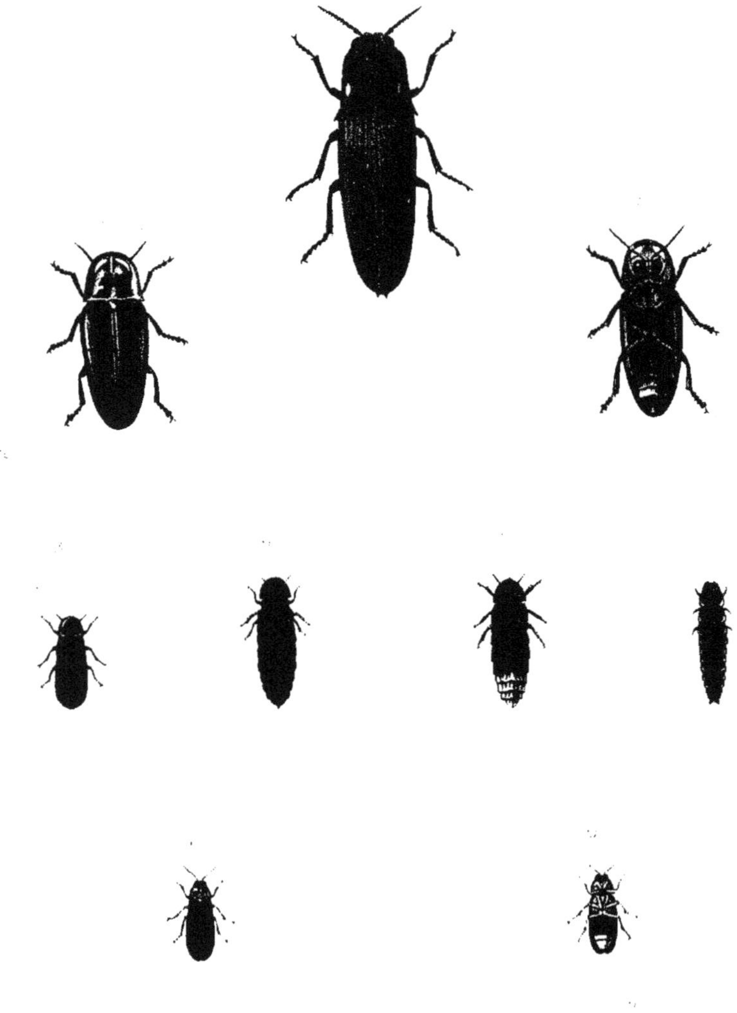

Chromolith. G. Severeyns, Bruxelles

A. D. Clément, pinx[t]

1. *Pyrophorus noctilucus* LINN.
2. *Cratomorphus diaphanus* GERM.
3. *Lampyris noctiluca* ♂ LINN.
4. *Lampyris noctiluca* ♀ LINN.
5. *Lampyris noctiluca* (larve) LINN.
6. *Luciola caucasica* ♂ MOTSCH.

1. *Fulgora laternaria* Linn.

1 a. Prolongement céphalique (vu de profil).

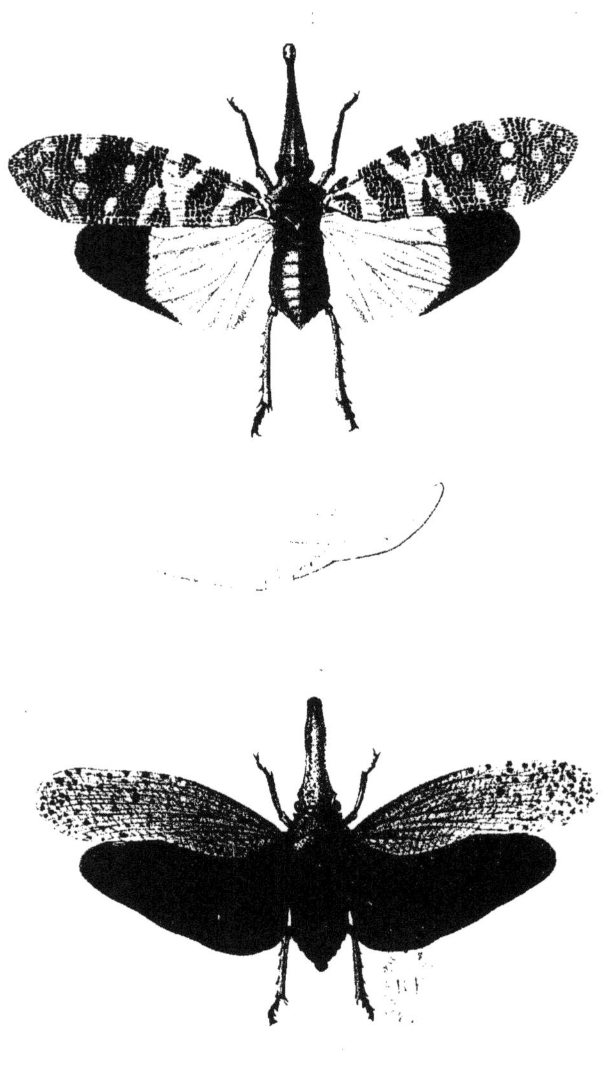

1. *Hotinus candelarius* LINN. 2. *Pyrops tenebrosa* FAB.

1 a. Prolongement céphalique (vu de profil). 2 a. Prolongement céphalique (vu de profil).

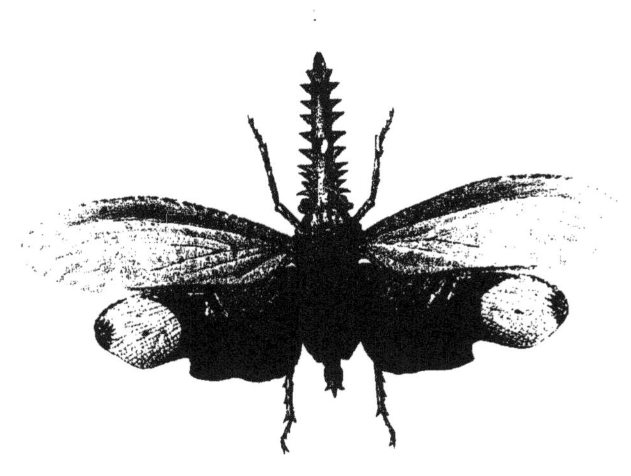

1. *Phrictus serratus* Fab. 2. *Phrictus diadema* Linn.

www.ingramcontent.com/pod-product-compliance
Ingram Content Group UK Ltd.
Pitfield, Milton Keynes, MK11 3LW, UK
UKHW020954180726
13838UKWH00003B/1328